AF590354

PUBLICATIONS SCIENTIFIQUES, INDUSTRIELLES ET AGRICOLES DE E. LACROIX

SOLUTION

DU

FROID INDUSTRIEL

PAR

M. Paul GIFFARD

INGÉNIEUR A PARIS

PRIX : **3 francs**

PARIS
LIBRAIRIE SCIENTIFIQUE, INDUSTRIELLE ET AGRICOLE
EUGÈNE LACROIX, IMPRIMEUR-ÉDITEUR
Du Bulletin officiel de la Marine et de plusieurs Sociétés savantes
54, RUE DES SAINTS-PÈRES, 54

SOLUTION

DU

FROID INDUSTRIEL

MACHINE A AIR FROID

SYSTÈME P. GIFFARD

BREVETÉ EN FRANCE ET A L'ÉTRANGER

SOLUTION

DU

FROID INDUSTRIEL

PAR

M. Paul GIFFARD

INGÉNIEUR A PARIS

PARIS
LIBRAIRIE SCIENTIFIQUE, INDUSTRIELLE ET AGRICOLE
EUGÈNE LACROIX, IMPRIMEUR-ÉDITEUR
Du Bulletin officiel de la Marine, et de plusieurs Sociétés savantes
54, RUE DES SAINTS-PÈRES, 54

AU MONDE SAVANT

ET

INDUSTRIEL

Il importe qu'il n'existe aucune confusion dans l'esprit public concernant notre personnalité, je suis le frère de Monsieur H. Giffard dont le nom est attaché à l'appareil injecteur automoteur des chaudières à vapeur.

P. GIFFARD,

Ingénieur, 128, rue Montmartre, à Paris.

MACHINE A AIR FROID

SYSTÈME P. GIFFARD

BREVETÉ EN FRANCE ET A L'ÉTRANGER

INTRODUCTION

Cette nouvelle machine à air froid repose sur vingt années de travaux et d'inventions nombreuses sur la compression de l'air et des gaz et la mécanique physique de la chaleur.

L'intuition savante, les théories positives, les expériences suivies dans une « *même voie* » forment la véritable base des découvertes scientifiques et industrielles.

Chercher beaucoup chercher toujours, tel est le noble but que doit poursuivre l'humanité tout entière. Le progrès n'est que la multiplication des idées, il est infini. Au point de vue général le véritable inventeur, martyr heureux de la science, marche sans cesse en avant, esclave libre de l'invention, il perfectionne sans cesse la première œuvre et reste convaincu que les questions les plus arides sont souvent les plus fécondes en grandes créations pour qui sait les approfondir et persévérer.

Notre nouvelle machine à air froid ne représente pas seulement « *une seule invention,* » elle est par-dessus tout l'expression dernière de longs travaux théoriques et pratiques accomplis depuis vingt années consécutives, dans une même voie, travaux affirmés par plus de « *trente brevets d'invention* » résumant les progrès suivants :

Étude complète de la balistique de l'air et des gaz.

Obtention mécanique des plus hautes pressions, (2,000 *atmosphères*).

Utilisation purement balistique des pressions engendrées.

Obtention de vitesses initiales des projectiles, dépassant huit cents mètres par seconde avec l'emploi de l'air comprimé et surchauffé.

Création de pistons, soupapes, stuffing box et réservoirs rigoureusement hermétiques.

Inventions d'armes nouvelles à air comprimé.

Travaux résumés en partie dans l'ouvrage de N. Liboulle, publié en 1872 chez Ch. Tanera éditeur, rue de Savoie 6, à Paris.

Enfin comme dernier progrès accompli dans cette voie nous citerons notre invention.

De cartouches à air comprimé.

A ces travaux viennent se joindre nos longues études sur le grand problème de l'équivalent mécanique de la chaleur, études comprenant :

Les recherches *sur le travail de la détente de l'air et des gaz, sur les calories dégagées ou absorbées, la création et la construction de moteurs divers à air, à gaz et à vapeur.*

Les études et expériences sur la liquéfaction des gaz et la chaleur latente.

La constatation des pressions de l'acide carbonique liquéfié sous des températures élevées.

L'invention d'un moteur extrêmement puissant et économique, à acide carbonique liquéfié, moteur devant selon notre appréciation, donner dans un avenir prochain des résultats essentiellement supérieurs à la vapeur d'eau.

La création de « *ressorts permanents à air comprimé.* »

Tels sont en bien court résumé, les études générales, les inventions principales qui ont pu nous permettre la création de la machine à air froid faisant l'objet de ce travail, machine résumée par de nombreuses inventions, rendues solidaires les unes des autres pour former un tout parfait, et atteindre sûrement la solution tant cherchée du grand problème du froid industriel.

Au point de vue purement scientifique, la connaissance exacte de la théorie du froid engendré par la détente de l'air ou des gaz, remonte à mil-huit-cent-soixante-neuf, les admirables travaux scientifiques de MM. Combes, Régnault, Péclet, Tresca, Joule, Clausius, Hirn, la savante théorie sur l'équivalent mécanique de la chaleur publiée en 1869, à Paris par le savant docteur G. Zeuner, professeur de mécanique à l'école polytechnique de Zurich, résument et condensent la théorie du froid par la détente de l'air et des gaz de la façon la plus claire et la plus indiscutable; ces grands résultats sont acquis à la science « *la théorie de l'air froid n'est donc plus à faire depuis cette époque,* » ce serait répéter inutilement ce « *que les illustres ont eu la gloire de décourrir.* »

Dans les sciences appliquées la théorie absolue ne suffit pas, l'expérience et l'invention réalisent seules le véritable progrès industriel.

Au point de vue spécial de la question qui nous occupe, j'ose affirmer « *sans aucune témérité, fort des résultats acquis* » que ma nouvelle machine frigorifique à air représente l'avenir de la grande question du froid industriel, j'ose dire l'avenir de la question en ce sens que le système actuel faisant l'objet de ce travail produit « *dans nos grandes machines vingt kilogrammes de glace ou 220 mètres cubes d'air à—40 degrés centigrades par force de cheval vapeur de 75 kilogrammètres,* » c'est-à-dire en employant les machines à vapeur des systèmes de MM. Farcot, Corliss Ingliss, Perkins, etc., etc., une production de vingt kilogrammes de glace par kilogramme de charbon brulé.

Comme conditions principales, la nouvelle machine assure la production extrêmement économique de l'air froid à toutes les températures demandées depuis 0 degré jusqu'à « *200 degrés centigrades,* » et plus au-dessous de la congélation de l'eau, elle supprime complétement l'emploi des produits chimiques, « *acide sulfurique, ammoniaque, éther méthylique, nitrate d'ammoniaque, sels en général.* »

Notre système « *utilise simplement l'air et l'eau.* » De là résulte d'immenses avantages dans toutes les applications possibles.

Les machines sont construites sous toutes les dimensions depuis l'appareil produisant « *vingt mètres cubes d'air froid par heure et deux kilogrammes de glace* » jusqu'aux machines fournissant de « *deux cents à dix mille mètres cubes, par heure,* » susceptibles de produire « *de vingt à mille kilos de glace par heure* (24 *tonnes par jour*).

Comme conditions générales la nouvelle machine n'absorbe pas plus de dix pour cent du travail moteur, employé à vaincre les frottements des organes mécaniques de la machine, le calorique résultant des pertes extérieures ne s'élève pas à plus de cinq pour cent. Il n'existe « *aucun espace nuisible dans les cylindres le fuites d'air sont complétement et rigoureusement nulles, l'admission et l'échappement de l'air se font d'une façon mathématique, le calorique dégagé par la compression, est absorbé complétement pendant le travail, le frottement des pistons est pour ainsi dire complétement nul (trois kilogrammes d'effort pour un piston de cinquante centimètres de diamètre, ce qui serait à ne pas croire, si les expériences n'étaient venues confirmer cette affirmation.*

Ces conditions générales expliquent et justifient les avantages immenses de production économique que je viens d'énoncer.

ABAISSEMENTS VARIABLES

DE LA

TEMPÉRATURE

Notre nouvelle machine présente l'avantage considérable de « *pouvoir régler à volonté* » le degré de la détente de l'air et d'obtenir ainsi des températures plus ou moins basses, il devient donc facultatif aux industriels et avec le même appareil d'obtenir de l'air à + 10 degrés + 5 degrés et 0 ou de l'air a — 1 — 10 — 20 — 30 etc. etc., cette condition capitale satisfait à toutes les applications de l'industrie.

Au point de vue théorique, on sait que la température de l'air qui, d'abord à T et à la pression P se détend à la pression p en produisant un travail mécanique utile, comme dans notre système est représenté par l'équation.

$$\frac{a+t}{a+T}=\frac{P}{p}^{\frac{k-1}{k}}$$

en donnant $T = +15^{o}$ et $\frac{P}{p} = 2,\ 4,\ 6,\ 8,\ 10$ on arrive aux résultats suivants :

Nous venons de supposer l'air entrant dans notre cylindre de détente à + 15° centigrades.

Rapport $\frac{P}{p}$		Température t après la détente.
— 2	....	— 38°
— 4	....	— 80°
— 6	....	— 102°
— 8	....	— 118°
— 10	....	— 125°

Avec de l'air à dix atmosphères seulement il est donc possible d'obtenir un abaissement de température de 125 degrés centigrades, ce simple calcul fait apprécier « *toute l'importance du réglage facultatif du degré de la détente.* »

La machine à air froid dont je vais donner une minutieuse description résume une application rationelle des lois de la physique et de la mécanique, selon des dispositions neuves et la création d'organes mécaniques spéciaux concourant à former dans l'ensemble comme dans le détail un « *tout parfait et essentiellement nouveau,* » sous tous les rapports possibles; qu'il me suffise de citer.

Le piston de compression, le piston de détente, les soupapes, le stuffing box, les joints, le système complet de distribution d'air dans le cylindre de détente, le système d'introduction d'eau dans le cylindre de compression, la pompe d'alimentation à volume théo rique, le refroidissement de l'eau, échauffée par la compression, la disposition des cylindres, de l'arbre, des bielles, du volant, de la poulie, la restitution du travail ; enfin en dernier ressort la combinaison et le calcul de la marche physique et mécanique de la machine.

Je vais successivement décrire chacun des organes séparément pour résumer ensuite la description générale, l'agencement mécanique des bielles, des glissières, de l'arbre, la position des cylindres et faire comprendre la marche physique et mécanique de la nouvelle machine.

DESCRIPTION

DES

PRINCIPAUX ORGANES

NOUVEAU PISTON DE COMPRESSION ET DE DÉTENTE.

(Fig. 3.)

Ce nouveau piston est une simplification de notre première invention « *du piston universel P. Giffard.* » Le nouvel organe à serrage automatique à vapeur, à eau, à air et à gaz, repose « *sur l'emploi général de bandes ou lanières de cuir, de métal, de caoutchouc souple et durci,* » bandes ou lanières substituées à l'anneau de caoutchouc souple et durci, utilisé dans notre première création de piston universel.

Dans les deux inventions, les principes restent les mêmes, à savoir :

1° Utilisation de la pression des gaz ou des fluides pour dilater également le système, compenser l'usure, « *obtenir une obturation rigoureusement hermétique* » par l'emploi « *combiné de matières différentes* » et ne donner un frottement minimum qu'exactement proportionnel à la pression engendrée.

2° Combinaison de matières différentes pour assurer « *la résistance à l'usure, au froid et à la chaleur* » et l'herméticité aux pressions. Ce nouveau piston « *spécialement inventé* » pour « *notre machine à air froid* » est formée fig. 3 de deux lanières en cuir AA, introduites à frottement « *serré* » dans les deux rainures circonférenticlles du piston métallique B, deux autres bandes ou lanières en caoutchouc souple DD, sont entrées à frottement très-serré dans les deux rainures circonférentielles, le fond des rainures ménage deux vides circulaires derrière les bandes encastrées.

Les petits conduits FFFF pratiqués dans les rainures EE viennent aboutir sur les surfaces extérieures du piston B, ces conduits permettent à l'air et à l'eau de penétrer dans le piston pour dilater le système ; en effet la pression entrant par les conduits FFFF dans les vides circulaires EE, oblige les bandes de caoutchouc de s'appuyer avec force sur les lanières de cuir, ce qui détermine la double herméticité de la lanière de cuir et du cylindre corps de pompe.

La description même de ce piston en fait ressortir tous les avantages, la lanière de cuir « *représente la résistance à l'usure et la douceur du frottement.* » la bande de caoutchouc réalise « *l'herméticité absolue,* » la pression de l'air sollicitant tout à la fois, le caoutchouc sur le cuir et sur le corps de pompe.

Comme on vient de l'apprécier, tout le système

repose sur l'emploi général de bandes ou lanières, il importe donc de bien faire ressortir les avantages considérables qui résultent de cette construction.

Le nouvel organe présente les avantages suivants :

Bon marché inouï d'installation première, très-longue durée, remplacement instantané de la bande-piston, entretien presque nul, tout industriel peut avoir en magasin des lanières préparées, et ne jamais être pris au dépourvu dans la marche des machines à air froid, changement immédiat pouvant être fait par le premier venu, fonctionnement automatique infaillible, résistance aux plus basses températures, douceur extrême dans les frottements, surface de frottement très-réduite dix fois moins considérable que celle présentée par le cuir embouté, conservation indéfinie des corps de pompe, grande légèreté du piston, réduction considérable de la hauteur des cylindres, herméticité absolue, rendement de cent pour cent du volume comprimé, obtention facile des plus hautes pressions (trois cents atmosphères), minimum de travail absorbé, économie considérable de la force motrice, transformations faciles, sécurité absolue dans les fonctions.

Tels sont en court résumé les avantages principaux de ce nouveau piston. Ce nouvel organe est utilisé dans notre machine pour la compression et la détente de l'air, ainsi que pour la pompe d'alimentation d'eau.

THÉORIE DU PISTON-LANIÈRE

Notre théorie fait ressortir d'une façon indiscutable les avantages présentés par le nouveau piston au double point de vue de l'herméticité absolue (*obtention facile des plus hautes pressions*) et du minimum de travail absorbé (*économie de la force motrice employée*).

PRINCIPES FONDAMENTAUX.

1° Le frottement des bandes sur le cylindre par centimètre carré est proportionnel à la pression engendrée *(les bandes travaillent alternativement à l'aller et au retour du piston)*.

2° Le frottement absolu des bandes est modifié par le rapport existant entre le diamètre intérieur et le diamètre extérieur des bandes, la différence des diamètres représentant l'épaisseur des bandes réunies.

3° Le frottement absolu du piston-bande est proportionnel à la hauteur des bandes.

4° L'usure ne dépendant que de l'unité de surface, est complètement indépendante de la hauteur des bandes.

DÉMONSTRATION.

Soit D le diamètre extérieur des bandes enroulées, d le diamètre intérieur, h la hauteur, p la pression des gaz ou des fluides par unité de surface $f' = 0{,}10$ coefficient constaté par nos expériences du frottement des bandes sur le corps de pompe.

La pression sollicitant les bandes sur le cylindre sera égale $\pi\ d.\ h.\ p.$ Cette pression se produira à l'extérieur sur une surface $\pi\ d.\ h.$ donc la pression appliquant les bandes contre le cylindre corps de pompe par unité de surface sera :

$$\frac{\pi\ d.\ h.\ p.}{\pi\ D.\ h} = \frac{d.\ p}{D} = p\frac{d}{D}$$

Le frottement sera donc évidemment égal à $f'p\frac{d}{D}$ par unité de surface, ou a $f',\ p\frac{d}{D} \times \pi\ D h = f'.\ p d\ \pi\ h$ pour la surface totale des bandes considérées séparément.

Il résulte donc que le frottement par centimètre carré, égal à $f p\frac{d}{D}$ est bien proportionnel à p ce qui justifié le 1°.

Le frottement total ou absolu égal $f'p\frac{d}{D} \times \pi\ D\ h = f'$ $p\ d\ \pi\ h$ est bien modifié suivant la valeur que l'on attribue a d par rapport à D. Il est proportionnel à h. Enfin le frottement relatif $= f p\frac{d}{D}$ ne dépend que de p.

Cette simple démonstration fait ressortir complétement les avantages qu'il importait de démontrer, à savoir l'herméticité absolue, l'obtention des plus hautes pressions, le frottement minimum et l'économie considérable de force motrice employée.

NOUVELLE SOUPAPE

Cette nouvelle soupape, que j'applique d'une façon générale dans toute la machine est formée fig. 4 d'un cône métallique avec tige A. une rondelle de caoutchouc presque durci B est encastrée à frottement très-serré sur la partie cylindrique supérieure de la pièce A, une rainure circonférentielle B′ pratiquée dans l'épaisseur de la rondelle de caoutchouc sert à laisser pénétrer l'air pour « *dilater* » le caoutchouc et obtenir une fermeture « *rigoureusement hermétique ;* » les petits trous DD servent à laisser pénétrer les gaz ou les fluides dans l'intérieur de la rondelle de caoutchouc.

L'anneau de caoutchouc est maintenu par la rondelle métallique E fixée sur la pièce A par les vis T T. La soupape ainsi disposée est tournée exactement selon la forme exacte du cône métallique intérieur qui la reçoit.

L'herméticité de cette soupape est complétement absolue la pression de l'air ou de l'eau venant agir dans l'intérieur du cône de caoutchouc B (rondelle) pour produire sous l'action automatique engendrée par la pression de l'air l'herméticité de tout le système.

Cette soupape est « *inusable* » ses fonctions sont silencieuses, le caoutchouc formant « *matelas élastique* » lorsque la soupape retombe sur son siége.

NOUVEAU STUFFING BOX

(Fig. 5.)

Ce nouveau stuffing box est formé fig. 5 d'une rondelle de caoutchouc presque durci A formant embouté le trou intérieur de la rondelle est de forme conique; cette forme assure de grands avantages en ce sens que la tige B glisse « *sur une surface réduite,* » ce qui assure « *un minimum* » de frottement et une herméticité absolue.

JOINTS.

Les joints sont formés d'une rondelle de caoutchouc sollicitée automatiquement par la pression de l'air, voir le dessin représentant la jonction des boîtes renfermant les soupapes sous le plateau du cylindre de détente.

NOUVEAU SYSTÈME

DE DISTRIBUTION D'AIR COMPRIMÉ

DANS LE CYLINDRE DE DÉTENTE

Ce nouveau système de distribution représente *une véritable machine motrice nouvelle à air comprimé, avec la suppression complète des tiroirs et des espaces nuisibles.*

Le dessin fig. 6 représente la boîte d'admission et la boîte d'échappement, les deux boîtes sont fixées sur chacun des fonds du cylindre de détente (voir également le dessin d'ensemble de la machine fig. 1).

BOITE D'ADMISSION.

(Fig. 6.)

Cette boîte en bronze ou en fonte A renferme tout le système d'admission d'air, la soupape B munie d'une tige très-épaisse fonctionne entre les guides C et C', un espace rectangulaire D ménagé dans l'épaisseur de la tige entre les guides C et C' livre passage au petit arbre d'acier E commandant la soupape, cet arbre traverse le stuffing box F et se termine par une roue d'angle actionnée par l'arbre principal de la machine.

Le conduit H fig. 1 amène l'air comprimé dans l'intérieur de la boîte de distribution.

La soupape B sollicitée par la pression de l'air et l'action du ressort à boudin L ferme hermétiquement le conduit d'air dans le cylindre ; cela étant décrit il devient facile de comprendre que l'arbre d'acier E présentant une saillie E' soulève la soupape à chaque rotation de la hauteur correspondante à la hauteur de la saillie ; la rencontre des deux surfaces s'opère à 45° et comme *elles sont fortement trempées, l'usure du système devient impossible.*

Aussitôt que la saillie E' quitte le contact de la soupape le ressort à boudin et la pression sollicitent la soupape sur son siège pendant que l'air comprimé introduit dans le cylindre continue d'agir par sa propre détente.

La hauteur de la saillie détermine la valeur de l'introduction c'est ainsi qu'il devient possible en changeant le petit arbre d'acier E d'introduire « *facultativement* » à la moitié, au tiers, au quart ou au cinquième, etc., etc., de la course du piston et d'obtenir de l'air à toutes les températures demandées.

Le dessin fig. 6 représente la boîte d'échappement la disposition est complètement analogue, sauf la position du ressort à boudin et l'action inverse de la soupape, l'échappement de l'air détendu se fait par les conduits LL fig. 1 : inutile donc de répéter la description.

La marche des deux soupapes est réglée de telle sorte, que lorsque la soupape d'admission s'ouvre, la soupape d'échappement se ferme aussitôt.

Tout le système est actionné par de petits engrenages et l'arbre principal de la machine.

CONSIDÉRATIONS

SUR LE NOUVEAU SYSTÈME DE DISTRIBUTION

Le système que je viens de décrire remplit tout à la fois des *fonctions mécaniques et automatiques*, fonctions « *mécaniques* » lorsque les arbres obligent les soupapes à se soulever.

Fonctions *automatiques* lorsque les soupapes sollicitées par les pressions intérieures ou extérieures se soulèvent d'elles-mêmes.

Je m'explique : au moment où la saillie de l'arbre abandonne le contact des surfaces trempées, il existe un jeu ou espace libre entre l'arbre et le contact, cet espace permet aux soupapes de se soulever sous l'action directe des aspirations et des compressions intérieures ou extérieures.

Le vide et la contre-pression sont ainsi supprimés.

Ce fonctionnement automatique assure les conditions les plus parfaites de l'introduction et de l'échappement.

Lorsque l'air est complétement détendu dans le cylindre, la soupape d'échappement, aussi grande que soit sa section, *n'exige absolument aucune force pour être soulevée, l'équilibre des pressions s'établissant entre le milieu intérieur du cylindre et l'atmosphère.*

Tout au contraire, si la détente s'opère, par un mauvais règlage, avant la fin de la course du piston « *le vide s'engendre* » dans le cylindre et oblige le *soulèvement automatique* de la soupape d'échappement.

TRAVAIL MÉCANIQUE DE LA SOUPAPE D'ADMISSION

Ce travail est représenté par un chemin parcouru de *un* millimètre multiplié par la vitesse et l'effort de soulèvement du à la pression d'air, je dis un millimètre car « *l'équilibre de pression* » s'établit pendant l'admission entre l'intérieur du cylindre et le réservoir, le soulèvement total de la soupape à donc lieu en réalité dans un milieu « *également comprimé.* »

De ce que nous venons de développer résulte un « *minimum* » de travail mécanique absorbé pour satisfaire aux importantes fonctions de la distribution, nous n'hésitons pas à déclarer que notre système représente le desideratum de la question, car il résume les principaux avantages suivants :

Minimum de travail mécanique absorbé pour le fonctionnement des soupapes *travail dix fois moins considérable que celui nécessité par les meilleurs systèmes à tiroirs et moitié moins considérable que dans les système Corliss et autres.*

Suppression complète des fuites.

Suppression complète des espaces nuisibles.

Grande économie dans la consommation d'air comprimé.

Introductions mathématiques.

Détente parfaite.

Grandes sections d'admission et d'échappement.

Supression complète des chocs.

Admission graduelle, fermeture brusque.

Échappement à grande section, parfaitement coupé.

Remplacement instantané des petits arbres donnant des introductions et des détentes variables.

Examen facile du mécanisme.

Démontage instantané.

Extrême solidité de tous les organes.

DESCRIPTION GÉNÉRALE

DE LA MACHINE

(Fig. 1 et 2.)

Notre machine à air froid utilise un système de compression d'air représenté par le cylindre de compression à double effet A, dans ce cylindre fonctionne le piston B déjà décrit fig. 3, la soupape d'aspiration d'air extérieur *c* introduit à chaque aspiration du piston, l'air dans le corps de pompe, la soupape de retenue D empêche l'air comprimé de revenir dans le cylindre ; les fonctions des deux soupapes sont complètement automatiques.

La tige des pistons B traverse le stuffing box E pour se continuer dans le cylindre de détente ; au dessus du cylindre de compression se trouve directement placé sur le socle de fonte évidé G le cylindre de détente à double effet c'est-à-dire selon mon expression « *le cylindre moteur réfrigérant* » dans lequel l'air froid est engendré et le travail mécanique de compression en partie restitué.

Dans ce cylindre fonctionne le piston B déjà décrit.

Comme on le voit par les dessins, les pistons de compression et de détente sont actionnés par une même tige B, cette tige traverse, dans le cylindre de détente, les deux stuffing box E E pour venir agir sur la bielle R, cette bielle parfaitement guidée par les glissières F F placées sur le couvercle du cylindre de détente à double effet transmet le mouvement des pistons à l'arbre coudé M supporté par les deux bâtis H de la machine, le volant N régularise le travail, la poulie *o* sert à communiquer le mouvement transmis à la machine frigorifique par un moteur quelconque.

La plaque de fondation T fixée sur le massif de briques T' ou sur des pierres, supporte tout le système décrit.

Le cylindre de détente à double effet D est muni sur chacun des couvercles du système de distribution déjà décrit fig. 6. l'admission de l'air comprimé, se fait par les soupapes P P, l'échappement de l'air détendu se fait par les soupapes R R et les conduits L L, les soupapes sont commandées par les engrenages S S S S S S S actionnés par l'arbre M de la machine.

COMPRESSION DE L'AIR

NOUVEAU MODE DE REFROIDISSEMENT DE L'AIR ÉCHAUFFÉ PAR LA COMPRESSION.

(Fig. 1).

Au moment où la compression s'opère, je fais arriver contre le piston de compression B par les conduits TT, terminées dans les fonds des cylindres de compression par des surfaces TT'', percées de petits trous, un volume théorique d'eau envoyé par la pompe d'alimentation A à double effet. Cette eau pénètre dans le cylindre avec une grande violence et sous une pression plus considérable que celle engendrée par la compression maximum de l'air dans le réservoir, se brise comme l'indique le dessin contre le piston B qui marche à sa rencontre et détermine ainsi dans le milieu où s'opère la compression « *une véritable poussière d'eau pulvérisée qui absorbe instantanément tout le calorique développé par la compression.* »

L'injection de l'eau pulvérisée sous pression se fait alternativement sur les faces du piston, le système de compression étant à double effet.

Ce nouveau mode de refroidissement qui n'a jamais

été appliqué dans aucune machine frigorifique à air « *est extrêmement puissant,* » il diffère essentiellement de l'introduction de l'eau faite à travers un piston à simple effet, par la simple action de la pesanteur et de l'aspiration de l'air extérieur.

Les conduits UU fixés au-dessous des soupapes de retenue d'air D du cylindre de compression, conduisent le mélange d'air et d'eau dans le réservoir unique V, la partie inférieure de ce réservoir reçoit l'eau, la partie supérieure conserve le volume utile d'air comprimé complétement refroidi, volume d'air prêt à être envoyé sous pression dans le cylindre de détente.

POMPE D'ALIMENTATION

(Fig. 1).

La pompe d'alimentation A à double effet, fournit exactement à chaque coup de piston, le volume théorique d'eau nécessaire au refroidissement instantané de l'air dans le cylindre de compression.

Le système intérieur de la pompe d'alimentation utilise les soupapes, pistons, stuffing box déjà décrits. La tige du piston de la pompe est actionnée directement par la bielle B commandée par les engrenages CC et l'arbre M de la machine.

La bâche X renferme l'eau d'alimentation puisée par la pompe.

REFROIDISSEMENT

DE L'EAU

ÉCHAUFFÉE PAR LA COMPRESSION DE L'AIR.

Je place le réservoir d'air et d'eau V dans une chambre spéciale en contact direct avec le froid perdu de la machine, en supposant comme exemple qu'il s'agisse de la fabrication de la glace artificielle, l'air froid peut être admis à une température froide minimum de 0 degré, dans ces conditions j'adopte la disposition suivante :

Le tube de cuivre rouge Z fixé à la partie inférieure du réservoir d'eau et d'air V se termine en pomme d'arrosoir, lorsque la machine est en marche, on ouvre le robinet : l'eau sollicitée par la pression du réservoir, comme dans un siphon d'eau de seltz, monte dans le tube et s'écoule en pluie divisée dans un réservoir en cuivre rouge B, formant tamis, plus de cinq cents petits filets d'eau se forment alors et viennent tomber dans un second réservoir B, de ce second réservoir l'eau passe de la même manière dans la bâche X, dans laquelle la pompe d'alimentation s'alimente, le débit est régularisé par un robinet; *le contact de l'eau ainsi divisée avec une atmosphère très-froide et des chutes ralenties,* » assure un complet refroidissement et une bonne utilisation du froid perdu.

PRODUCTION

DE L'AIR FROID

Il suffit d'actionner la machine que je viens de décrire, par une force motrice quelconque pour que « *la pression normale s'établisse d'elle-même dans le reservoir* » sans exiger du moteur une « *force plus considérable* » que celle exigée par « *la marche normale* » de la machine frigorifique à air.

La pression étant acquise, *un équilibre parfait* s'établit entre le *débit* et la *production*, l'air comprimé introduit tour à tour dans le cylindre de détente par les conduits HH, le robinet H' et les soupapes d'admission PP, se détend complétement dans le cylindre en fournissant sur le piston un travail mécanique utile venant restituer en grande partie le travail dû à la compression de l'air, de ce travail de détente résulte la production du froid engendré.

Les conduits LL fixés dans les boîtes d'échappement des soupapes RR conduisent l'air froid dans le milieu spécial dans lequel il doit agir.

APPAREILS ACCESSOIRES.

Ces appareils se résument dans des manivelles, une soupape de sûreté, un niveau d'eau, un sifflet, des thermomètres, appareils fixés sur les réservoirs et dans les chambres à froid.

RÉSUMÉ DE LA MACHINE

Notre système de machine à air froid repose sur la création des organes séparés, soupapes, pistons, stuffing box, distribution d'air, organes rendus solidaires les uns des autres pour former la disposition mécanique de la machine.

L'application nouvelle et rationnelle des lois de la physique appliquée, comprenant le nouveau mode de refroidissement de l'eau par une injection d'eau pulvérisée sous pression, le volume d'eau théorique envoyé par la pompe d'alimentation, le refroidissement de l'eau en pluie divisée dans le froid perdu de la machine, la mise en marche de l'appareil par l'équilibre calculé des pressions. La disposition des cylindres pour la restitution du travail.

Le système de machine à air froid dont je viens de donner la complète description assure « *une production extrêmement économique du froid* » dans tous les emplois industriels possibles; les résultats acquis avec l'emploi des produits chimiques, l'évaporation et la chaleur latente sont complétement dépassés. (Nous ne parlerons pas de l'emploi des sels (nitrate d'ammoniaque) pour faire de la glace: ce moyen, aussi vieux que le monde, procédé extrêmement coûteux, n'offre dans l'espèce, aucun intérêt scientifique ou industriel).

Avec « *de l'air et de l'eau* » seulement, nos nouvelles machines sont susceptibles de produire aisément « *dix mille mètres cubes d'air froid par heure à — 40° centigrades* », elles n'exigent pour de telles productions qu'une consommation « *de un kilogramme de charbon pour vingt kilogrammes de glace ou deux cent vingt mètres cubes d'air froid à — 40° centigrades.* »

Inutile d'ajouter que de tels résultats ne sont possibles, pour la fabrication économique de la glace, qu'avec « *de puissantes machines de dix mille mètres cubes* fonctionnant chaque jour *pendant vingt-quatre heures consécutives.* »

L'air froid obtenu d'une façon économique est le desideratum de la question; avec l'emploi des forces hydrauliques, des forces naturelles, l'utilisation d'eaux parfaitement pures et filtrées; le commerce n'aura plus à livrer à la consommation les glaces malsaines « *produits bruts de la nature* » qui circulent si abondamment aujourd'hui dans le monde entier.

APPLICATIONS INDUSTRIELLES

DE L'AIR FROID

Qu'il me suffise de citer ;

La fabrication de la glace artificielle, la fabrication de la bière et autres boissons, la conservation des viandes et de toutes les denrées alimentaires, le refroidissement des halles et marchés, le rafraîchissement des usines, les transports maritimes, l'assainissement des hôpitaux, les emplois anatomiques, l'aération des théâtres, la fabrication générale des produits chimiques, le refroidissement des paquebots et des chambres de chaudières des machines à vapeur, l'application aux distilleries, à la liquéfaction des gaz, aux laboratoires, aux recherches scientifiques, aux usines à gaz, la fabrication de la bougie, de la colle, de la gélatine, la conservation des fourrures, des laines et des tissus en général, l'application aux huiles épurées, aux fabriques de stéarine, aux fabriques de chocolat, au caoutchouc, à la gutta-percha, etc., etc. ; en un mot, étant admis, ce qui est, la production facile et économique de l'air froid, les applications qui en résultent sont d'un emploi véritablement universel.

CONCLUSION

Selon nos plus intimes convictions, notre nouvelle machine à air froid, susceptible de satisfaire à toutes les applications scientifiques et industrielles possibles, donne d'une façon complète « *la véritable solution du grand problème du froid industriel.* »

PAUL GIFFARD,
Ingénieur civil.

Septembre 1875.

AVIS IMPORTANT

Le système de machine à air froid dont je viens de donner une complète description, fonctionne tous les jours de 2 à 5 heures de l'après-midi à l'exposition internationale des industries maritimes et fluviales au Palais de l'Industrie, à Paris.

INSTALLATION SOUS L'HORLOGE DU PALAIS DANS L'AXE DE L'ENTRÉE PRINCIPALE DE L'AVENUE DES CHAMPS-ÉLYSÉES.

POUR TOUS LES RENSEIGNEMENTS

S'adresser à la **Compagnie du froid industriel** P. GIFFARD et Auguste BERGER.

158, rue Montmartre, à Paris.

Paris. — Imprimerie Polytechnique de E. Lacroix, 54, rue des Saints-Pères.

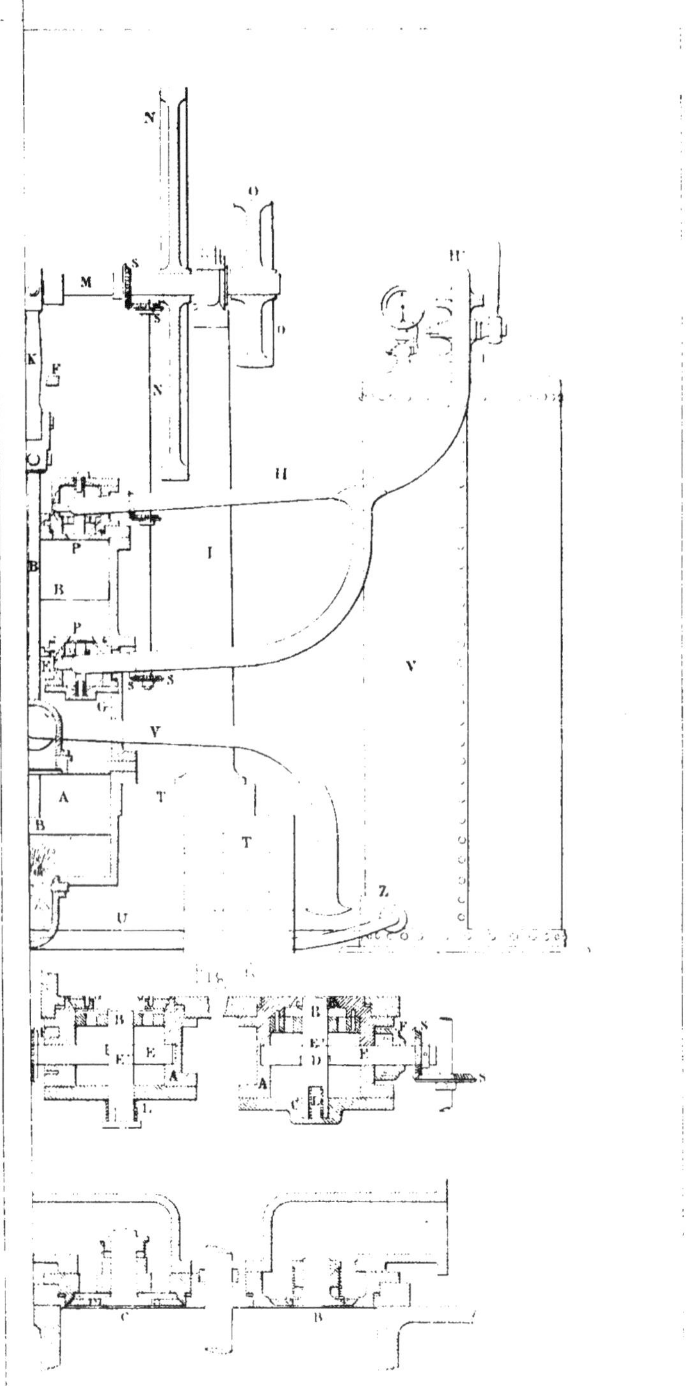

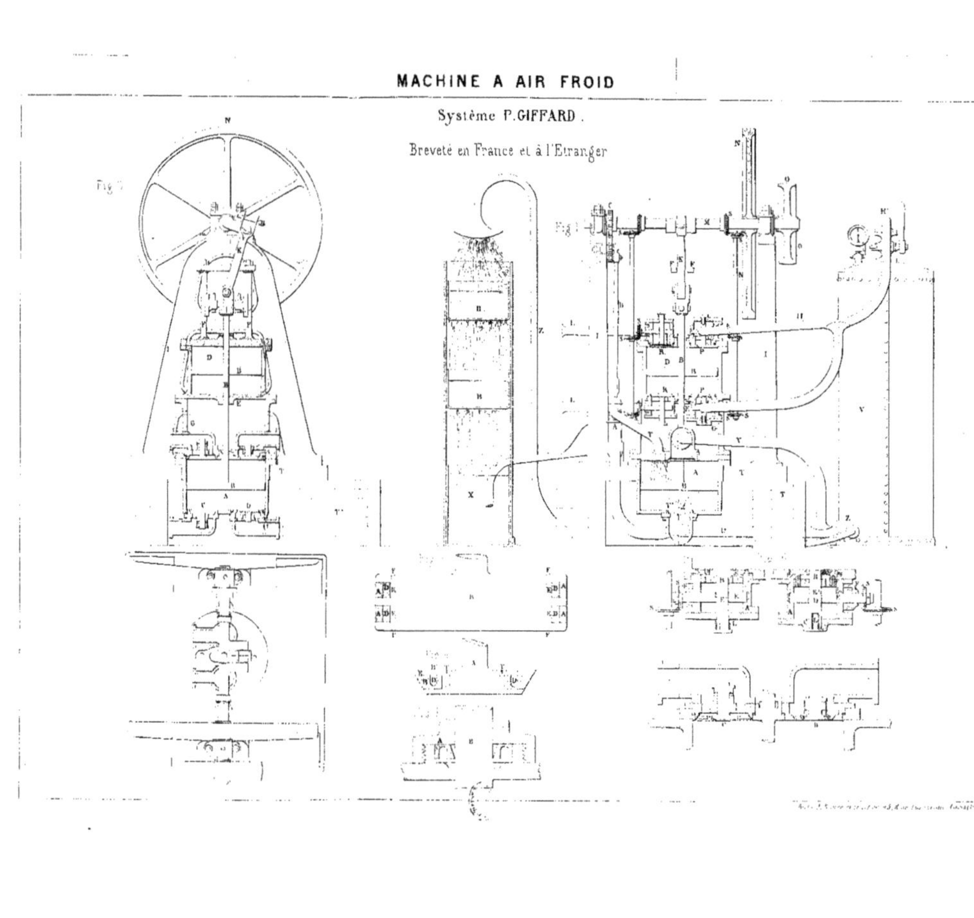
MACHINE A AIR FROID
Système P. GIFFARD.
Breveté en France et à l'Etranger

Imprimerie et Librairie de E. LACROIX, rue des Saints-Pères, 54, à Paris.

www.ingramcontent.com/pod-product-compliance
Ingram Content Group UK Ltd.
Pitfield, Milton Keynes, MK11 3LW, UK
UKHW021947260726
13994UKWH00004B/1597

9 782329 455211